超帶人術，

指揮部屬不如贏得夥伴！

瑞昇文化

本書僅致予
努力改善職場人際關係的人們。

3家赤字連連的卡啦OK店。

武田、五十嵐、間宮。

三人臨危受命，各自接下店長的職務。

滿心期待接受任務的三人，

無法避免地面臨四處碰壁的窘境。

面對如此難題，

如果是各位，會如何因應處理？

在閱讀同時，請與三人一同思考。

最後自然會發現，與職場夥伴們最佳的相處之道。

目次

人物介紹

柴田正光

經營者養成學校的負責人。30年來協助無數創業者走向成功之路。是眾多經營者尊敬的意見領袖。

武田勝也

31歲，男性。畢業於一流大學，任職於大型外商集團。精通市場行銷，熱衷於經營研究。充滿自信，處事周到思慮縝密。失敗經驗─零。

五十嵐茜

29歲，女性。大學畢業後任職於企業，所屬企劃部門。性格開朗積極，具上進心，想像力豐富。

間宮幸人

34歲，男性。高中畢業後持續擔任總務職。腳踏實地、認真努力的典型。重視人與人之間的交流與情感。

序曲

成功者值得學習之處，
在於面對困境時永不妥協的精神。

五月的某一天，武田走進卡啦ＯＫ店裡，店內漆黑一片。

「怎麼搞的？連燈都沒開。」

想推開店門，才發現已經上了鎖。

「這些傢伙，只會偷懶。」

打開門、開了燈，看見桌上整齊地擺著白色信封。

「？」

仔細一看、竟是全體店員的辭呈。

「怎麼會這樣？發生什麼事啊！」

武田將辭呈重重摔回桌上，信封則掉落在鮮紅的地毯上。

＊

時間拉回２個月前。

柴田找上武田、五十嵐、間宮三人，是三月初的事。

＊

「也就是說，交給你們三人的店，都是虧損累累的情況。你們儘管作為店長，也不見得能順利經營。但是也正因為如此，才更有挑戰的價值。這些經驗都是未來生存的條件。我想，應該不會再有比這次更好的機會了。只是，挑戰的時間只有一年。……有什麼問題嗎？」

面對三人，柴田將這次的計劃簡單地作說明。

首先，武田舉起手。

「有薪資保障嗎？」

「每個月最低保障薪資１５萬日圓，隨後再依照業績分紅。」

「我還有貸款要繳，每個月１５萬日圓實在太緊了……」

「業績上升，收入也會增加，就先拼拼看吧。」

想到在意的問題，五十嵐也接著舉手。

「有休假嗎？」

柴田停頓一下後回答。

「嚴格說來……沒有。你得先要有這樣的覺悟才行。」

「沒休假啊……」

「換個說法，也可以說天天都是休假。全憑自己決定。」

間宮也舉手。

「一年之後呢？」

柴田的嘴角揚起微微的笑意回答。

「一年後……就依自己的道路前進。」

＊

武田勝也，31歲。畢業於一流大學，任職於大型外商集團。精通市場行銷，熱衷於經營研究，是個自信家。處事周到思慮縝密，失敗經驗零。

五十嵐茜，29歲。大學畢業後任職於企業，所屬企劃部門。性格開朗積極，具上進心，想像力豐富。希望能從事自己喜愛的工作，有獨立創業的念頭。

間官幸人，34歲。高中畢業後持續擔任總務職。腳踏實地、認真努力的典型。期待有朝一日能建立一個重視人與人之間交流與情感的理想公司。

本次計劃的主導人柴田，是經營者養成學校的負責人。30年來協助無數創業者走向成功之路。是眾多經營者尊敬的意見領袖。

三人都是參加研習課程的學生。一年期間，聽取柴田的經營學課程。之後得知這項計劃的消息，主動報名參加。

為了參加這項計劃，所有人都已辭職。計劃結束後，各自將會成立自己的公司。背水一戰的目標，在於獲得未來經營之路的致勝秘訣，也正是此項計畫的最終目標。

三人參與的計劃，是虧損連連，業績毫無起色，即將面臨停業的卡拉ＯＫ店的一年經營權。

計畫構想是柴田提出的。與其要結束營業，不如在此之前讓將來有意創業的年輕人作為測試實力之用，柴田將構想告訴卡拉ＯＫ店的連鎖總部。

儘管如此，持續赤字的店鋪對總部而言仍是項負擔。因此，柴田提出交換條件，一旦業績得以回復，則無條件將經營ｋｎｏｗ　ｈｏｗ提供總部運用。

總部社長對於三位創業者面對挑戰可能激發出的全新經營方式深感興趣，於是同意在一年的期間內，將店鋪委託經營。

三人獲得的條件如下。

・店長具有行使管理全店相關事務的權力。
・一年內讓業績轉虧為盈。
・每月最低保障薪資１５萬日圓。以上再依業績增加比例發給。
・每月提供１０萬日圓廣告宣傳費用。可自由運用。
・店鋪改裝費用，合計一百萬圓為上限。如欲增加，需以店內盈餘支付。
・全權負責正職、兼職工作人員的任用、分配等人事權。
・每月一次參加與柴田的四人會議。
・不論營運情況好壞與否均為共有成果，必須相互協助。

柴田接著對三人說道。

「為了一年後的創業，希望各位能全力以赴。我也會盡可能提供協助。下週即將決定各自負責的店舖，屆時再一同討論。啊啊～真讓人興奮！」

三人內心充滿期待與不安，同聲回答「好」。

＊

隔天，武田主動與柴田連絡。

武田表達在決定誰負責哪家店舖之前，希望能更加瞭解三家店舖的業績狀況和過去的經營情形。

事實上，這也是柴田最擔心的部分。到底要如何分配三人負責的店舖，畢竟每家店的位置與條件不同，差距也相當大。

武田說。

「業績能不能回復與否，在確定接任哪家店時，幾乎就決定了一半的命運。因此，我想在事前充分掌握更多訊息，有助於我的分析與選擇。」

對此，柴田早有所準備地回答。

「下週，決定負責店鋪時，會公開所有的資訊，在此之前請稍作忍耐。三人中誰將獲得最好的成績，相互間的競爭情緒在所難免。但是經營店鋪後你將明白，最後需要的是與自己的戰爭！」

對武田而言，柴田最後所說的話的含意，當下並沒有任何感覺。

*

一週後，全員再度聚會，柴田公佈了相關資訊。

三人各自負責的店鋪，意外地順利完成。

*

首先提出問題的，仍舊是武田。

「A店位於商店街中，附近有好幾家競爭店，離車站也近。此外，業績也是三家中最好的。可以說是最有可能恢復業績的店舖。讓我負責A店，我就繼續參加這項計劃。如果是負責其他店舖，則對我完全失去魅力，我就放棄參加這項計劃。」

五十嵐隨後接著發言。

「既然可以全權委由我來負責，我選擇離車站遠，周邊競爭對手多的B店。以環境來說，是三家店中最惡劣的。如果能讓業績提升，一定是非常好的經驗。」

最後的間宮，則是對於店鋪的選擇毫無興趣。只是滿臉微笑的說。

「我哪家店都可以。我會依照自己的方式去努力，剩下的C店就給我吧。」

柴田向間宮再作確認。

「間宮，C店可是最難的一家店哦。儘管位於車站前，地處新興住宅區，也沒有任何競爭店家，但是從過去的業績來看，比其他二家差很多。雖然不知道具體原因，我想必然有相當棘手的問題，不妨再多加考慮。」

間宮聽著柴田的建議一面點頭，嗯地一聲，考慮了數分鐘後回答。

「我還是決定C店。」

於是各店的負責人順利產生，A店武田、B店五十嵐、C店間宮。

最後，柴田作了如此的宣告。

「在此我要慎重地提醒各位，當業績不見好轉時，不能歸咎於他人或環境的因素，必須視為自己的責任。二週後，請各自提出經營戰略，再回到這裡集合。」

*

離開柴田的辦公室後，電車上武田隨即臆測起A店的業績，從各種細部分析推演。回家後，就再也沒有離開書桌，持續研究各類資料直到天亮。

第二天開始，為確立戰略方針前往A店，並觀察周邊的競爭店家，馬不停蹄地四處奔走。

十天過後，武田低語。

「找到了！」

武田的腦中，已經清楚浮現業績回復的構想。

「我一定要做出最好的業績，讓其他人看見我的實力。」

武田獨自竊笑著。

即將接任位於競爭激烈地區的B店的五十嵐，思考著如何營造出與其他店鋪不同的魅力。準備以自己最擅長的企劃力來一決勝負。

「加上同仁的協助，每個人提出想法，一定能找到因應的對策！」

間宮注視著C店業績。慘不忍睹的赤字連連。

『在如此嚴苛的數字中，員工是用什麼心情工作著呢？每天努力到大半夜，一定非常辛苦吧。』

希望能早一點見到工作人員，聽聽他們內心的想法，也想替大家加油打氣。仔細聆聽大家的意見後，再來思考因應的對策。

＊

二週後，各自發表負責店舖的經營策略。首先發表的是武田。

「這段期間，對A店做了徹底地分析。除了環境不盡理想外，區域裡的顧客與年輕族群的數量少，是最重大的問題所在。當初為何會選擇在此開設分店，我也做了詳細的調查。三年前，這附近有大學，而A店就位於學生往來最頻繁的通勤路上。然而，現在這所大學已經遷移。從單純面考量，這家店已經失去存在的價值。」

「原來如此。」

「除此之外，我還調查了另一個事項。那就是當地居住者的特性。」

「是怎麼樣的特性？」

「中高齡層居多。也就是說，為符合顧客形態，必須要有全新的商品考量。居民主流為六十歲前後的中高齡，屬於民謠世代。在退休之後，能夠自由運用的時間多。這個世代不喜歡單獨一個人隨性歌唱，而偏好與眾人同樂，享受共同感的樂趣。能彈奏吉他的人數眾多，也喜愛多數人的合唱。因此，首先要改變的便是將曲目更新為以民謠歌曲為中心。」

「原來如此！」

「致勝的關鍵在於歌曲的齊全與否。每個人對於音樂的喜好各有微妙的差異。儘管不是暢銷曲，喜歡的卻也大有人在。有了這樣的歌曲，就足夠吸引愛好者來到店裡。我打算在這方面投入最多資金。」

武田詳細地說明他的全新戰略。

「武田的戰略果真萬無一失。將客層特性徹底的價值化。這就是所謂的集中戰略。」

「那麼，五十嵐小姐準備採取何種戰略呢？」

「我想以企劃力來一決勝負。B店的周邊有許多類似的卡拉OK店。每家店都是同樣的曲目、同樣的餐飲、甚至同樣的價錢。對客人而言，似乎到哪一家店都相同。因此，我想經營出具有讓消費者主動選擇的魅力店舖。」

「那是個怎麼樣的店呢？」

「店裡的關鍵字是ｓｕｒｐｒｉｓｅ，也就是驚喜與感動。提供讓顧客驚嘆『哇！～竟然能夠如此！』的各種獨特服務，激發具感動的情緒。並且不時更新驚喜的項目。」

「原來如此！這樣一來，其他店家便難以仿效，這是差別化戰略。只是，光靠五十嵐小姐妳一個人來構思企劃，似乎過於吃力？」

「您說得沒錯。因此我希望全體工作夥伴能夠一起投入提出創意。營造出這樣的經營氣氛，亦或說是慣例，對我而言是非常重要的。」

「營造出經營風格並不容易呢！」

「我明白。有關於這點，我已經有完全的覺悟，也思考了一些方案。相信能夠提出最佳的報告成果。」

「我瞭解了。對了，間宮你呢？」

柴田將視線轉向間宮。

「我負責的店鋪，既位於站前的優異位置，又沒有其他的競爭對手，為何至今的業績都是最差的，原因實在讓人不解。因此，我還沒想出任何因應的對策。只希望能早日和工作人員見面，先聽聽大家的意見。」

「嗯，這樣的做法也不錯。間宮的戰略是以不變應萬變的無戰略之戰略。」

再過一週，四月即將來臨。三人實際經營店鋪的日子也即將到來。

第1章

與團隊的會見

每天，我們都在為未來散播著種子

四月一日。三人終於接任店長，開始了各店的經營。

*

武田成為新店長的第一天，集合了所有工作人員說道。

「我來到這裡的目的，在於將本店的業績提升。根據我的經驗與能力，已經規劃出完備的戰略。請各位安心地跟隨我的腳步。」

其中一位同仁發言。

「請問您以往有任職於卡拉ＯＫ店的經驗嗎？」

「我一向都是作為諮商顧問，提供更大型企業的經營方針。要改善這種小店的業績，對我而言實在太容易了，也非常清楚正確的作法。因此，下次請不要再提出這種沒有意義的問題了！」

在武田充滿自信的高壓氣氛下，再也沒有人提出疑問。

「從今天開始，這個房間就叫做經營戰略室，由我使用。我會一直在這裡，有任何情況，直接過來這裡。明天起我會指示各項業務的進行方式，今天就到此為止！」

這是店內最大最華麗的房間。

＊

五十嵐集合同仁介紹自己時，希望隨後能聽取大家的意見與想法。在此之前，則先秀了一段所學的小魔術。手法細膩高超，贏得在場全體工作人員的熱烈掌聲。

五十嵐靦腆地和同仁逐一問候。

「初次見面，我是五十嵐茜。雖然店內業績不盡理想，我還是希望能開朗、愉快地工作。在輕鬆的氣氛中努力不懈，不知不覺中業績自然提升，這就是我理想中的經營方式。請各位多多指教。」

即刻又響起一陣掌聲。工作人員臉上都帶著輕鬆的微笑。

五十嵐選擇一間小房間，命名為「Idea room」，作為會議使用。此外，全體員工必須在「Idea note」上寫下讓店內更振奮積極的方法與創意。五十嵐強調，唯有集合眾人的力量激發出創意，店內的業績自然能夠順利提升。在此結論下結束了首次的會議。

*

間宮到達C店時，雙手拿滿了垃圾。間宮走近C店的一位女性工作人員。

「請問有何貴事？」

「您好。初次見面，我是新店長間宮。」

「咦？這些垃圾是？」

「喔，這是我從車站走過來時，沿路撿的。到店裡都快拿不動了。」

「我幫您拿一半吧。」

「謝謝，非常感謝。請問您是？」

「我是這家店的外場人員領班。叫我領班就可以了。」

「以後還要麻煩您多多指教。」

工作人員全體集合，間宮開始新任店長的致詞。

「各位，我對卡拉ＯＫ店一無所知。相信各位一定知道最好的方法，如果可以告訴我，我願意率先實行，希望大家能夠毫無顧慮地教導我。」

完全不像新任店長的態度，彷彿是來實習的新人。

「從這家店過去的業績來看，真的很辛苦。不過，能達成那樣的營業額已經非常不容易了。」

間宮微笑看著每一個人。

「各位至今付出的心血，絕對不是無謂的努力。一定能成為往後有用的助力。所有的經驗，都是未來最大的財產。希望各位能夠不吝嗇地將這些財產分一點給我。也多給我一些意見。為了大家，我願意盡一切努力加油，請各位多多指教。」

隨即深深地一鞠躬。

結果，變得如何了呢？工作人員全體低頭不語，臉上不見一絲笑意，有人只是呆著一張臉，漠然地看著間宮。之後，各自一語不發地逕自離開，回到原來的工作場地。

「第一天嘛，都是這個樣子吧。」

間宮搬了一張桌子到置物室的角落，作為自己的工作區域。沒有窗戶，充滿霉臭味，間宮認為這裡應該可以好好地專心思考。

第2章

主管的戰略

一切從自己做起

武田第二天再度將人員集合於經營戰略室。

門上貼著「店長室兼經營戰略室」。房間的牆壁上貼滿書面紙。上頭條列著今後的戰略概要和目標計畫，以及各項職務分配。

同仁們強烈感受到一股窒息的壓力。

坐在中央後端的武田，在等待人員就位的同時，開始說道。

「A店要如何邁向成功的方法，已經全部寫在這裡。日後只要依照我的指示去做就可以。」

「……」

武田繼續說著。

「為實現我的戰略，當下必須立即處理的項目總共有三十件。單純地計算分配，目前有十人，一人負責三項即可。我則擔任全體的指揮任務，不久的將來，這家店就會搖身一變成為有盈餘的店鋪。簡單的很！」

「……」

「現在我開始做個別的分配與指示。」

武田發給每個人條列歸納的指示書，並且詳細說明。隨後，不等人員提出任何問題，便匆忙外出。

＊

B店，五十嵐做給十人團隊，每人一本的「企劃筆記」。

看似極為普通的筆記本，一翻開便可見一行手寫的文字。

「不管什麼情況，都有百萬種的解決方法。」

這是柴田在經營課程上所講的話。五十嵐非常喜歡這句話。

相同的話，也大大地寫在紙上，張貼在Idea room後方的牆壁。

寫完所有的筆記本後，五十嵐集合所有人員。

「一旦腦中浮現怎麼做會對店裡有幫助，或是顧客會感到開心的創意，請寫到這本筆記本上。我每天都會仔細閱讀各位所提出的企劃，店裡的營運，需要注入更多更新的想法和做法！」

新手人員略帶煩惱地提出疑問。

「寫什麼都可以嗎？突發的想法也可以嗎？」

「當然！想到什麼都沒關係。應該說，突發的想法往往就是新企劃的最佳來源。靈感本應獲得讚美！」

「真的嗎？」

員工不放心地再度詢問確認。

「我非常歡迎你們的各種企劃和想法，絕對不會責備你們。」

五十嵐滿臉笑意地回答。

大家的表情因此稍微和緩。

＊

五十嵐回到Ｉｄｅａ　ｒｏｏｍ後，一邊開始在創意本子書寫，一邊回想今天會議的情況。

「靈感本應獲得讚美。」

這句話也是柴田講授的課程中，五十嵐非常喜歡的內容之一。

五十嵐在上課的期間，也深受這句話的影響。

只是，店員們膽怯的態度讓五十嵐感到相當意外。「已經說了那麼多次沒關係，大家竟然還是不能放心。可見以往大家的工作情緒是如何地不安，每天都被罵吧！長期處於不許失敗的嚴格環境裡，才會養成大家對任何事都充滿懷疑。這樣的氣氛，絕對無法產生全新的企劃。」

五十嵐有了新的決定。

「總之，必須先改變這種氣氛！」

＊

C店的外場領班到店裡之後，開始確認各個區域的清掃狀況。打開其中一間房間時，不由得尖叫起來。

「啊～！間宮店長！……你在這裡過夜啊？」

「對不起！嚇到你了。」

間宮揉揉眼睛。間宮睡在辦公室的椅子上。

高木發現一張掉落在茶几旁的紙張。

上頭是用生疏的書法大大地寫著幾個字。

「今天也感謝你們來店裡上班」

外場領班露出不解的表情問著。

「這是？」

間宮有些害羞地說。

「哎呀，那是我掉的。真的很感謝你們願意和我這樣的店長一同工作。因此，我希望在早上醒來時都能被提醒這樣的心情。外場領班，今天也非常感謝你來店裡上班。」

「……」

外場領班呆站著，一句話也說不出來。

『這個人到底在說什麼？這樣當然會讓其他員工看不起啊！』

不過，同時心中卻有股不可思議的暖意湧上心頭。

『這種感覺，是什麼呢？』

＊

集合了全體同仁，間宮發給每人一張白紙說著。

「各位，請寫下到目前為止所感覺的不滿。寫什麼都可以。從現在開始，給你們20分鐘的時間。」

20分鐘後，間宮返回屋內，員工已經將紙疊成一落等待著。

間宮拿起紙張，微笑地說。

「謝謝。」

然而，看了紙張內容後的間宮，對店內的景況更加陷入另一種困境。

所有的紙上都是一片空白，什麼都沒寫。

甚至沒有一個人寫上名字。

間宮逐一翻著白紙，心中滿是悲傷。不是絕望，也不是忿怒，而是一種說不出的痛苦心情。

「我出去一下。」

間宮準備走出店裡，外場領班隨後慌忙地跑向前來，叫住間宮。

「間宮店長，你還好嗎？」

「謝謝。我只是想去撿車站前到店裡路上的垃圾。這已經是我每天必做的功課了。」

留下滿臉錯愕的外場領班，間宮走出店門。

*

一邊撿著垃圾，間宮重新思考先前全體繳交白卷所代表的意義。

『那一定不是普通的白紙，那紙張代表了員工的心情。也傳達了一路走來大家所受的煎熬與壓力。店內同仁們所過的日子，一定超乎想像的辛苦。到底是怎麼樣的情況，實在難以想像……。以至於造成今日對任何事情都採取冷漠的態度。』

＊

外場領班看著間宮離開後，店員們隨即回到各自負責的區域。

「……間宮店長每天都去撿車站前到店裡的垃圾。昨天也在店裡過夜。我想……這次的間宮店長，好像和以前的店長完全不同。」

「……」

其他人毫無反應。

外場領班對人事領班說。

「請取消那個約定吧。」

人事領班低頭不語。

第3章

人員培育的方法

沒有無謂的努力。即使不見成果依然能夠成長。

四月下旬。三人接下店鋪後，與柴田的首次會議。

三人各自報告經營現狀，並針對目前所遭遇的問題進行討論。

*

首先，武田敘述自己所面臨的問題。

「事實上，到這個月底，已經有5個人辭職了。」

語畢，所有人的視線都同時看向武田。

武田不為所動，繼續淡淡地說著。

「唉～，一項新工作的開始，會遇到這樣的情況也不足為奇。那些不知上進的人員離開，我還能節省一些人事費用，未嘗不是件好事。」

柴田問道。

「知道辭職的理由嗎？」

「嗯，知道。他們受不了我當上店長後，工作變得太忙。反正剩下的員工已經足以應付，不用擔心。」

「你有和當事人確認過嗎？」

「沒有。看他們的表情就知道了。臉上盡是一副散漫的樣子。必要的話，再招募新人就好。這是最快的方法。」

「間宮你這邊的情況呢？」

間宮有點沮喪地說。

「和員工們的溝通情況很糟糕。我原以為，只要以身作則就能改善，因此凡事都自己先帶頭去做，沒想到卻讓員工們更樂得輕鬆、懶散。」

「你願意努力實踐經營課堂上所學的內容，我很高興。」

柴田接著在白板上寫下這段話。

上司一定要先行動。
盡管部下置之不理，
自己也要先行動。

柴田繼續說著。

「為什麼你愈努力，員工們卻愈感到輕鬆？」

「因為大家都想工作得更輕鬆不是嗎？」

「為什麼大家想要工作輕鬆？」

「那是他們的想法……。我不太了解。」

「究竟原因為何？間宮，你自己認為工作是件快樂的事嗎？或者，是件討厭又麻煩的事？」

柴田微笑地看著間宮。

「……」

「員工會想工作輕鬆或偷懶，或許是因為從來沒有人告訴他們工作的樂趣。過去的店長，也許認為工作是件痛苦又麻煩的事。」

柴田接著又在白板上寫下。

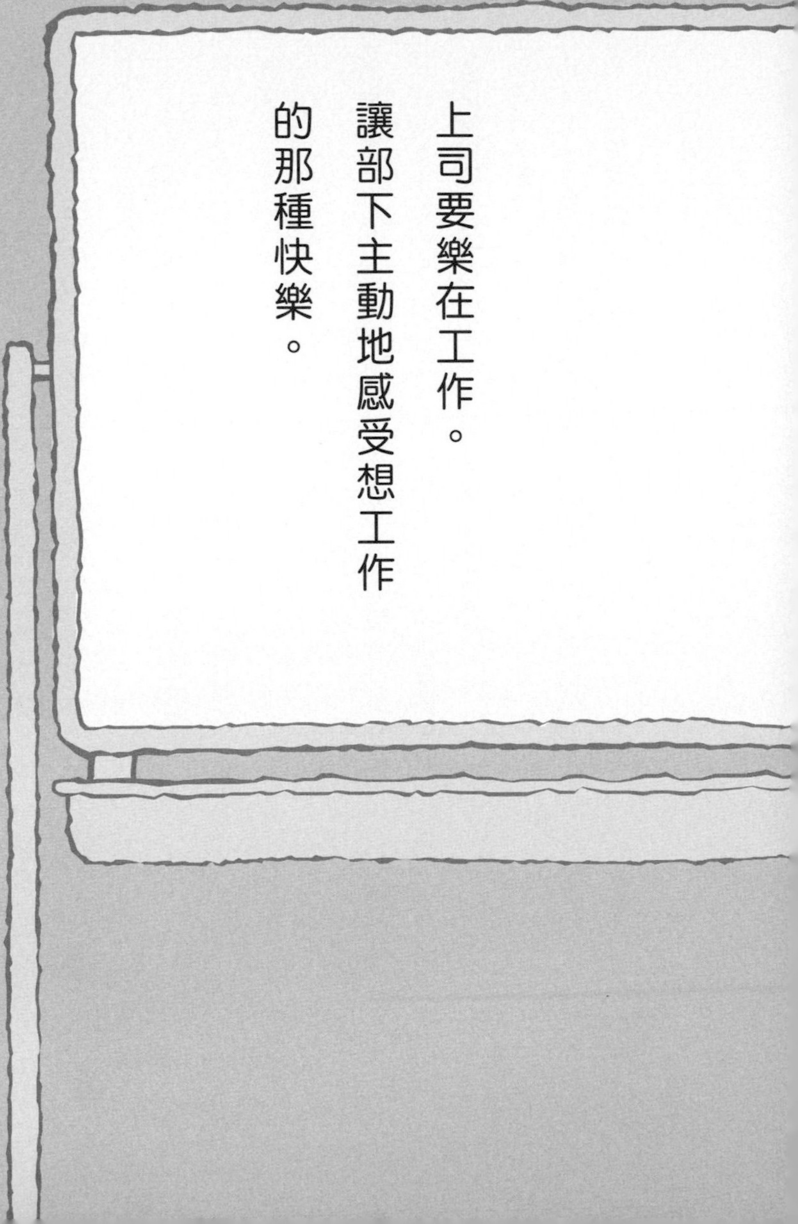
上司要樂在工作。
讓部下主動地感受想工作
的那種快樂。

「那麼，我應該怎麼做才好？」

「首先，間宮君你自己樂在工作就好。讓大家看見工作的樂趣，不必用教的，讓大家看得到就好，如何獲得快樂。」

「但是，自己帶頭愈拼命，要做的事就愈多，工作樂趣也就逐漸減少。」

「工作量增加時，努力思考因應的對策。不也是展現能力的最佳時機嗎？」

柴田笑著說。

「智慧能夠解決所有問題。對於工作量的增加，總是直覺地感到疲倦。但是仔細想想，這也代表身為主管的自己有許多表現的機會，不是件很棒的事嗎？所以，一旦成為主管，就是需要這種時期發揮本事，這才是最正確的想法。」

間宮抬起頭看著柴田。

「嚴苛的情況，才能造就超越困難的能力。努力的過程則是員工教育的最佳題材。所有的結果，都是看間宮你的表現。」

武田想起令他在意的事。

「我有一件始終想不透的事，可以問你嗎？」

「當然可以。是什麼呢？」

「所謂上司與屬下的關係，上司是否具有支配員工的權限？」

「上司的權限，是率先面對與挑戰困難。」

「沒有支配人員的權力嗎？」

「武田，你一定有什麼地方搞錯了。」

柴田靜靜地看著武田。

「執行一項工作時，並不需要這樣的權限啊。」

「咦……？」

「人，不會因為權限而活動。即使被迫活動，也只是表面工夫，敷衍了事罷了。」

「要如何才能真正地動起來呢？」

「認同感。所謂認同感，是屬下看見上位者的言行後，出於自願的活動。」

「要怎麼獲得認同感呢？」

「屬下在目睹上司面對困難時最容易產生認同感。也就是說，你必須懷著夢想，享受征服困難的快樂！」

＊

會議的次日，A店的人事領班，主動與柴田連絡。希望能和武田的上司談一談。

「有些話想對您說。」

「好的。有什麼問題都可以告訴我。」

＊

翌日，A店的人事領班和三名員工，一同來到柴田的處所。

「希望柴田先生您能對武田先生想想辦法。」

「咦？怎麼了嗎？」

「武田先生永遠認為自己是正確的，完全不聽我們員工的意見。只是把我們當作物品一樣對待。」

其他員工也相繼述說著對武田的諸多不滿。

「只要說一句想法，他馬上就回你十倍的責罵。就算心中有再多想幫公司的心情，看到他，就完全不想說任何一句話。」

「上週有一位同仁稍微遲到，他便在眾人面前勃然大怒。那位同仁第二天便沒來上班了。武田先生不僅霸道，也非常情緒化，讓人完全不知要如何與他相處。」

「滿腦子想的都是自己的成就，實在是沒辦法再和他一起共事了。」

柴田仔細聽完眾人的不滿後，平心靜氣地問。

「……各位大致都表達完意見了嗎？」

「……」

柴田微笑地看著眾人回答。

「你們的心情我完全能夠體會，我想提供你們一個想法。一旦可以和像武田一樣的店長相處，日後，不論面對任何店長應該都可以輕鬆應對。面對討厭的事情不要逃避，把他當作另一種試煉，作為自我成長的最佳養分。」

「但是那個人真的很過分。完全依照自己的做法在當店長，況且武田先生太優秀了，我們這些無知又缺乏經驗的人是無法與他配合的。」

員工的表情中看不出一絲的幹勁。

第4章

部屬遠離的心

只有心懷感謝的成功者
不見充滿怨懟的成功者

五月中旬已過，黃金週也結束。B店的五十嵐，逐漸將大家的創意帶入店舖的經營裡。

起初充滿疑慮的員工，慢慢地會到創意室向五十嵐提出新的構想，企劃本上也愈來愈多來自同仁的想法。

「地區的報紙可以提供店家免費刊登活動訊息。如果每週舉辦一些小型活動，就能夠在報紙上增加曝光的機會。」

「為了增加回客率，應該針對來店次數提供包廂的優惠服務。一星期來一次以上的顧客，即可享受半價的優惠。」

「這個區域提供外送的店家，已經全部採取網路化經營，我們可以在店內貼出推薦料理的照片等訊息。」

五十嵐欣然接受每個員工所提出的想法。即使是天馬行空的創意，也都大笑著接受建議。

五十嵐的態度，帶給職場氣氛極大的改變與影響。相對於批判，虛心地接受更能營造出具創造力的職場環境。

然而，對五十嵐而言，真正的考驗才正要開始。

＊

這天，武田到店裡，已經超過員工該上班時間2個小時以上，店門卻依然上著鎖，店內沒有半個人影。開燈之後，在玄關的櫃檯上，整齊地排列著全體員工的辭呈。

「怎麼搞的！到底發生什麼事！？」

武田氣得全身發抖。一陣暈眩下，只能就近身旁的椅子坐下，稍作冷靜後開始思考。

首先，店舖今天只能臨時停業。其次，再到人事領班的家走一趟。從店裡到他家用走的就可以。順利見到面，商量一下也許問題就能解決。如果他主動提出條件，我先答應他。等情況穩定之後再來好好討論將來的事情。

到達人事領班家時，發現還有其他三名員工也在場。武田採取的行動，已經讓員工們知道。

走進屋內，武田抑制住情緒，對三名員工說。

「到底，發生什麼事呢？」

「…………」

眾人都漠然不語。

「為什麼？我不是說過，只要照我的方法去做，店裡的業績一定會變好。為什麼不跟著我呢。……是不是有其他條件？如果有，請說出來。在允許的範圍內，我也可以給你們加薪。」

「條件只有一個。」

「是什麼？」

「就是店長您辭職！」

這一句話，讓武田的情緒終於爆發。

「說什麼蠢話！我懂了，無所謂。全部辭職好了！」

離開人事領班住所回家途中，武田因忿怒而漲紅著臉。

「我太小看這些人了。就是有這種員工，才會讓店裡的業績無法好轉。我怎麼沒發現這件事。」

武田將情況歸咎於員工的不適任上。

「從現在開始，只要重新募集有幹勁的員工就好了。一次把膿包全部清除乾淨，說不定才是件好事。哈~這家店還是大有可為，我一定要最早讓店裡的業績翻紅！」

*

C店的間宮，今天也是在全部員工下班後，一個人留在店裡整理。因為客人不會再進來，可以仔細地擦拭桌椅、清洗杯盤，將店裡的每個角落，都徹底地打掃乾淨。

間宮對於如何增加店裡的來客數，完全摸不著頭緒。店裡的赤字依舊持續增加。這陣子，間宮不時會有腹部疼痛的情形。

到目前為止，員工們還是不肯多說一句話。對於這家店，大家似乎毫不在意，也不關心。

柴田所謂讓自己先樂在工作的建議，在這個地方，實行起來竟是如此地困難。間宮完全無法體會工作的樂趣。

在這種情況下，間宮所能做的，竟然只是一人默默地打掃。

「為什麼大家會如此冷漠呢？來試試新的計劃好了！」

間宮為了打開員工們的心胸，開始考慮舉辦例行工作外的活動。

於是，間宮企劃了一場卡拉ＯＫ大會，自己製作了通知單，在開會時發給眾人。如果是卡拉ＯＫ大會，大家應該會樂於參加吧。

「我希望全體人員都能參加。不能參加的請舉手。」

沒有人舉手。為預防萬一，間宮換另一種方式詢問。

「那麼，能參加的人請舉手。」

同樣沒有人舉手。
間宮嘆了一口氣，沮喪地說。
「……是嗎。……那就下次有機會再說吧。」

*

店裡準備打烊。
最後留下幫忙的外場領班對間宮說。
「間宮店長，我瞭解您想讓這家店變好的心情。這兩個月我看見間宮店長您真的非常努力……」
外場領班一瞬間似乎有話要說。卻又隨即閉口，低頭小聲說著。
「再怎麼努力，這家店都不會有客人的。不論店長您是在這裡過夜，或是拼命打掃，我想都是白費心力……。那我先走一步了。」
間宮非常在意外場領班先前欲言又止的瞬間，目送著領班離開。

「今天也辛苦你了，謝謝。」

*

間宮再也無法忍受這種持續的情況而前往柴田的辦公室。

柴田說。

「間宮，這個時候，放棄者會選擇離開。但是，還有一個最可靠的人，那就是你自己。相信自己，選擇那條不放棄的路。」

柴田直視著間宮，微笑地說著。

「店不是店長的東西，是全體員工努力後的作品。此外，最瞭解店鋪現場情況的是員工們。只要員工沒有努力的情緒，業績就永遠無法回復。員工們無法主動工作，店內也就無法產生盈餘。」

間宮以嚴肅痛苦的表情，微弱地說。

「我因為完全相信員工而努力至今，但是未來要如何繼續，我實在不知道。員工能否有任何改變，我也不敢抱持任何期待。」

柴田用溫柔堅定的語調說道。

「你現在還正在被測試著，在這個時候絕對更應該相信自己。相信自己能做到，等到真正相信自己之後，也就懂得如何去相信別人了。」

間宮流著淚，顫抖著身體，記下了筆記。

部屬即使不願行動，
上司仍要秉持信任的態度。
並且相信自己，
努力不懈。

*

離開柴田的辦公室後，間宮返回住處，閉上眼睛冥想。

隨後下定決心。

決定耐心等待同仁們的信任。

當然不能什麼都不做光是等待。

竭盡所能身體力行店鋪的事務，再靜候員工們的回應。

「相信自己，才能相信別人。」

間宮再度想起柴田的話。決定等待對自己與同仁們完全信任那一天的來臨。

擔任總務職務超過15年，總是腳踏實地，認真努力的間宮。

超強的忍耐力與毅力，此時正好可以發揮此項優點。

只是，誰都無法想像，間宮的身體正在進行著某種任務。

馬上就要進入五月的尾聲了。

第5章

人員培育的方法 2

支配他人令人恐懼，教育他人贏得尊敬

時序進入六月。今天也是陰雨綿綿的天氣，全國已進入梅雨季節。武田依然深陷煩惱之中。

持續不斷地面試新員工，卻仍然無法找到符合自己期望的人材。就算採用，也都隨即離職，不再來店裡上班。

偶然的機會下，武田到訪五十嵐的B店。

「武田先生。歡迎光臨。」

五十嵐滿臉笑意迎接武田。詳細地提供店員明確指示後，並加以鼓勵。看見五十嵐投入的身影，武田說了聲：

「我下次再來！」

便離開B店，前往柴田處商談。

＊

「剛才去了五十嵐小姐的店裡。

我看見她仔細地指導員工，並且不斷地鼓勵他們，非常認真地教導每一項細節。費盡心思培育的人材，一旦辭職，難道不會覺得白費力氣而心有不甘嗎？」

「僅管對方辭職，只要抱著是為『社會』培育有用人才的想法即可。如果將來公司的規模變大，需要更多的員工，這個時候如果能建立起在那家店工作可以學到很多東西的評價，勢必會吸引許多有志一同的工作夥伴前來，為公司真心並且全力地付出。」

「但是，員工一旦離開公司，就沒有任何作用了不是嗎？」

「這種擔心是多餘的。員工離職後，就變成是重要的客人。也許會帶著許多親友前來光顧。」

「這種情況發生的機率不高吧。」

「也許是吧。但是，僅管是短暫相處的工作同仁，我都將他們視為終身的夥伴。或是將來還會有機會再度相逢在同一職場上。」

「是這樣的嗎？」

「藉由一同工作的人員，每天又增加更多的夥伴。也許其中一位就是你未來共同創業的重要戰友。有了這樣的思考邏輯，你就不會再為辭職的問題所困擾了。」

武田心中仍嘟嚷著。

『……我還是很在乎的。柴田只是空有理論罷了，完全沒有經營者的眼光。』

「話說回來，武田你店裡的員工招募得如何？」

「喔，我已經投入全部的廣告宣傳經費進行人員的募集，卻依然找不到合適的人才。關於這點，你有沒有什麼好方法？」

「果然武田你也遇到這個問題了。人材不是選來的，是需要信任與培養的。」

柴田遞咖啡給武田邊說著。

「但是，有些人天生就是散漫不上進不是嗎？再怎麼費心栽培，對方不積極努力，到頭來還是一事無成。」

「所謂栽培人才，就是激發他的鬥志。」

柴田繼續說道。

「武田你的作法，不是教育，只是強迫。嚴厲的手段，真的能夠培育出好的人才嗎？」

「太多員工需要嚴格的管理。有些時候，為了對方著想，忿怒是必要的方法之一。可以讓他們記憶深刻。」

「忿怒是件毫無意義的事哦！」

柴田微笑著在白板上寫下。

培育人材，
即是激發他的鬥志。

「但是，很多員工你不生氣，他們就學不會啊。」

「結果是員工為了不惹你生氣而被動地工作著。」

「是這樣嗎？」

「聽好。因為對方生氣才去做，代表著他只是不想讓對方生氣。最重要的關鍵在於如何培養出能夠主動行動的人才。」

「我現在根本沒有悠哉培養人員的時間！只有一年的期限唉！」

「激發對方的鬥志，和時間長短沒有關係。」

柴田微笑著。

「那麼，到底和什麼才有關係？」

「要有一輩子與其合作的覺悟！」

武田啞口無言，先記下筆記。

將同一職場的夥伴，
視為一生合作的夥伴。

*

五十嵐在職場上的確成功地營造樂在工作的氣氛。不論是高超的魔術，或是充滿笑梗的對話，都能引來眾人的大笑聲。

五十嵐和員工間的溝通毫無疑問是成功的。撇開業績不談，以職場氣氛為首要的五十嵐，確實慢慢地將她的理念傳達給每一名員工。

此外，對於眾人所提出的提案，五十嵐也努力使其實現。員工看見自己的提案受到主管的重視與採用，都願意帶頭努力，並且深深感受到為工作付出的樂趣。

「工作是件快樂的事。自己懂得享受箇中樂趣，其他的員工、顧客才會感受到輕鬆的氣氛。」

柴田的話不時出現在五十嵐的腦海裡。五十嵐改變職場氣氛的作戰，看來已經達到成效。

*

C店的間宮仍在努力中。

間宮集合了眾人，從袋中拿出一卷影片。

「今天請各位來這裡，是希望能夠一起看樣東西，就是這部影片。」

這是部20年前流行的電影。敘述沒有金錢、沒有學歷、也沒有固定職業的一群年輕人，團結合作，企劃出拯救地區商店的祭典活動，最後獲得成功的故事，是部真人真事改編的感人電影。

「那就拉上窗簾，一起來觀賞吧。」

最後夢想實現的場景，讓間宮忍不住淚流滿面。

電影結束，打開燈光，含淚地看向眾人。

沒想到映入間宮眼中的竟是員工們睡得東倒西歪的景象。

＊

另一方面，氣氛已經變好的五十嵐店裡，卻面臨了極大的問題。

第6章

創意之外

愈難改變的事物，變化幅度愈大。

六月進入下旬，繡球花季也將結束。

氣氛良好的五十嵐店內，卻有一項令人苦惱的問題。業績始終不見起色。

來店客數幾乎沒有改變。員工們的企劃與努力，到頭來也只是白忙一場。逐漸體會工作樂趣的員工們，眼見遲遲無法好轉的業績，卻也少了一份目標達成的成就感。加上作業的疲勞，終於爆發不滿的聲音。

一名員工對五十嵐說。

「五十嵐店長，妳不覺得所有的企劃，似乎都沒有效果嗎……」

「只試一二次當然不會有效果，嗯……不過，如果每天都能像這樣用心思考，我相信總有一天會看到成果。」

「但是，同仁至今提出的方案，至少超過10個以上，也應該多少看出一點成績了不是嗎？」

「不，也許還不夠……。還要再加油，再多一點努力，一定會有結果的。不放棄就能成功。」

五十嵐心中其實充滿不安。

目前多數的員工，只是樂得五十嵐輕鬆民主的管理風格下工作。一但五十嵐沒了自信，少了笑容，員工們勢必又會回復到先前的沉重氣氛。

好不容易將職場氣氛轉變，無論如何都不能否定至今為止的努力。

「但是……」

五十嵐的決心開始動搖。

付出那麼多心血，會不會只是在原地打轉。繞了一大圈後，依然回到原點。面對未來，和夥伴們同乘的這艘船，難道註定要迷失在絕望的大海中嗎？

五十嵐臉上的笑容不禁慢慢地消失。

＊

六月底開會的日子，潮濕炎熱。計劃實行至今已經3個月。與柴田固定的會議，氣氛已經大不相同。這次三人的情緒更是低落到谷底，每個人都在不斷碰壁。

柴田望著每個人的臉說道。

「想必大家都有深刻的體驗吧！苦惱的過程，正是成長的證明。」

「這麼說來我的C店，可以說是俱備讓我成長的所有條件呢。」
間宮自嘲地回答。覺悟的表情中仍帶著沉重的心情。

一直都是開朗的五十嵐，以少見的凝重表情說。
「我至今還沒有體驗到任何了不起的感覺。完全談不上成長，只覺得愈努力愈迷惑罷了。」
「五十嵐小姐，今天的妳怎麼如此喪氣呢？妳得先擺脫這樣的情緒才行。」
「情緒改變也不會有任何幫助啊。」

不假思索地回答後，五十嵐對於自己一直都非常尊敬的柴田，感到非常抱歉和後悔，深深地吸口氣後，懊惱地提出詢問。
「柴田先生，我能問一個問題嗎？」
「當然！」
「我已經嘗試過各式各樣的方法了，業績卻絲毫不見起色。提升效率真的好難……。」

「五十嵐小姐，在談論效率之前，有件事必須先考慮到。價值必須優先於效率，凡事只講求效率，能成就的也是沒有魅力的事業。有了比效率更重要的目標，才有思考效率的意義存在。一項事業，必須先創造它的價值，其次再思考如何提供更好的效率……。」

突然間，武田以略為顫抖的聲音打斷了談話。

「我真的不行了……。」

眾人驚訝地看向武田。

沮喪的武田，已不見先前充滿自信的光采。

「……我……決定退出這項計畫。這個計畫，看來完全不適合我。」

柴田回答。

「這項計畫原本就是自由參加，當然也可以隨時退出。」

柴田雙手交握於桌上。

「人生總是無法盡如人意。努力的過程中，往往伴隨著各種問題來臨。這個時候總會不由自主地產生放棄的念頭。但是，就算逃避了這次難關，下次相同的問題一樣會再發生。而且，問題只會愈來愈嚴重。只要不解決，對這個人試煉的考驗就會不斷降臨。」

武田目不轉睛地看著柴田。

「就算退出計畫，也無法從你的人生舞台退出。一年之後，你將會有自己的事業、自己的公司，屆時也必然會遭遇同樣的問題。這裡只是提早考驗你們的人生。」

「但是，如果已經沒有任何辦法的時候，該怎麼辦？」

「首先就是勇於面對。不逃避，就不是喪家之犬。」

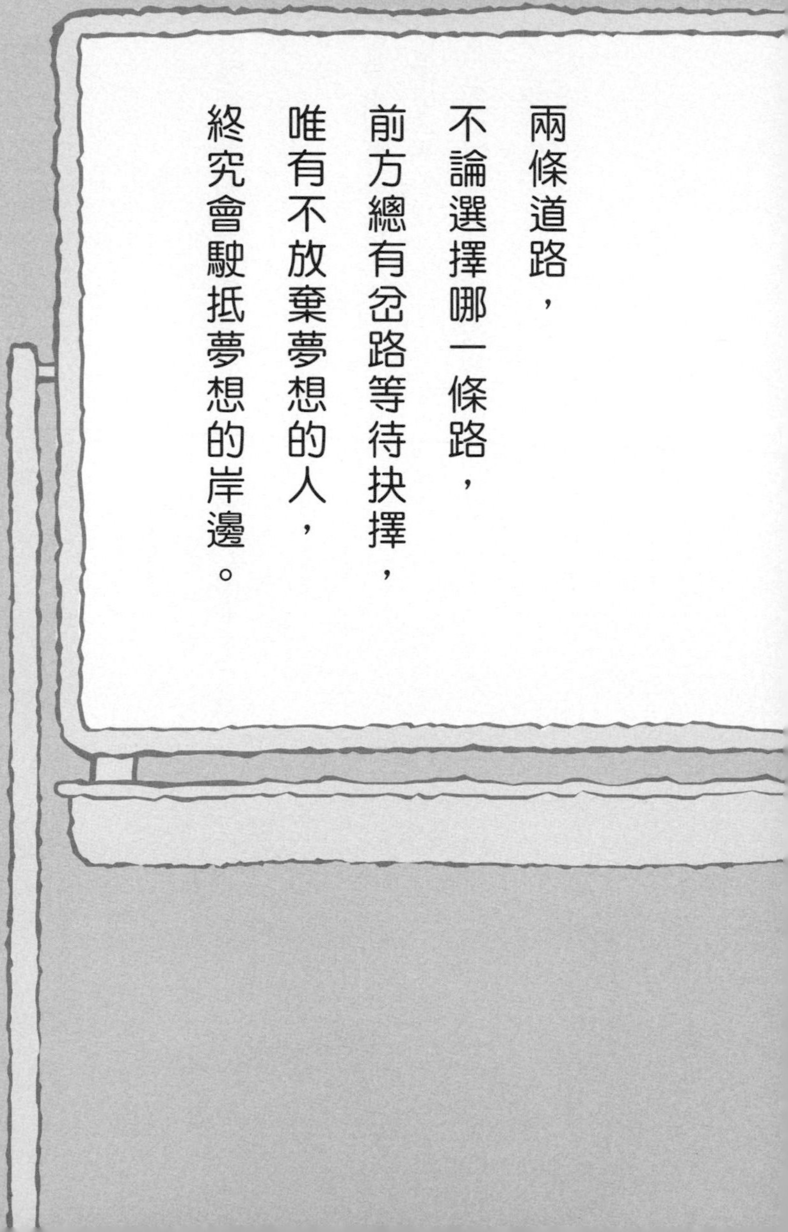
兩條道路，
不論選擇哪一條路，
前方總有岔路等待抉擇，
唯有不放棄夢想的人，
終究會駛抵夢想的岸邊。

柴田在白板上寫下這段話。

*

結束與柴田的談話之後，間宮回到C店，外場領班隨即走過來說。

「店長，我有話想跟您說。」

「嗯，好。」

間宮與外場領班坐下椅子。

「有什麼事情嗎？」

「其實，我們同仁之間有個私下的協定。」

第7章

固執的理由

觸底重生，全新故事的開始

「我們全體員工約好不要聽店長的任何命令。」

間宮不敢置信地問外場領班。

「怎麼會……那……是為什麼……」

外場領班低下頭開始敘述。

「員工們自從來到店裡之後，認識了許多好夥伴，大家也都非常喜歡這家店。」

「但是，自從2年前，前任店長進來後，他只在意自己的業績，完全不把我們當作人看。」

說話的聲音逐漸顫抖起來。

「的確在同仁中，有中輟生，也有老是遲到的人，但是店長卻常常因為一些極小的失誤，勃然大怒，大罵沒有活著的資格、垃圾、一事無成的人渣等不堪入耳的話語。」

「怎麼會這樣……」

「因此，我們變得完全不想主動做任何事。時間到就上班，時間一到就走人回家。」

外場領班不時嘆著氣繼續說著原因。

「我是個完全不懂經營管理的門外漢。確實，為了生活，在工作上或多或少會有所犧牲，這是經營者必然的思考邏輯。但是。為了成就某一個人，卻置眾人於無限痛苦之中，這真的是好的經營方法嗎？只要能增加利益，不擇手段也再所不惜嗎？受到前任店長傷害的人，大家再也提不起任何鬥志，也完全不懂得體會工作的樂趣。」

外場領班用微微顫抖的語調，娓娓地敘述著。

「店的成立，某種程度不就是為了眾人的幸福嗎？每個工作的員工都喜歡自己的店，自誇自豪的心情，則讓員工願意更加努力工作不是嗎？經營，到底是什麼……？工作，又究竟為了什麼……？」

「……」

間宮頓時說不出任何話來。

「人事領班也曾代表眾人，多次與前任店長討論。但是，總是受到更多的羞辱與數落，情緒變得更加沮喪。最後也就不再提出任何訴求。看見這個樣子，真的非常難過，其他人也都是相同的心情。」

外場領班的眼眶已溢滿淚水。

「同樣的日子持續了幾個月，大家決定做成協定。完全無視店長的存在，只為了薪水工作。也就是假裝工作著就好。」

「……」

「客人都不上門最好，否則只是徒增工作量罷了……。假裝要去發傳單，實際上一出門就全部丟到垃圾桶裡。對顧客的態度也非常冷淡。店長作任何指示，只是表面回答，卻完全不去執行。果然，店裡的業績一落千丈，前任店長也就被迫辭職了。」

「……」

「我只是為了薪水才來上班。顧客滿意與否，店的業績如何，都與我無關。……這些都是店長自己的事。」

說完，外場領班擦去淚水，走出了房間。

*

進入七月，四周盡是深綠明亮的景色。突然，柴田造訪了五十嵐的B店。柴田始終在意著情緒已完全改變的五十嵐的情況。

柴田對著露出疲憊的五十嵐說。

「五十嵐小姐，請不要如此的沮喪。成就一項事業的成功，就如同在杯子裡倒水。在倒滿之前，只需要不停地加水即可。」

「我已經倒入很多水了，甚至倒光了我這邊的水。作了那麼多努力還是不見起色，看來是沒有希望了。」

五十嵐低頭說著。

「哈哈哈～！」

柴田突然放聲大笑。讓一旁的五十嵐驚訝不已。

「妳至今作了多少企劃了？」

「大概有三十種以上。」

「太少了。就我的經驗來說，要找出顧客滿意的企劃案至少要上百件才能看見成績。你感到無力的理由是因為停留在原地。而停留原地的無力感正是勝負的關鍵。」

柴田拿出便條紙寫下。

原地踏步
的無力感即是左右放棄
與否的關鍵

「咦？是什麼意思？」

「五十嵐小姐，在潛意識裡妳已經認定執行30個企劃案一定能找出顧客滿意的方案，對不對？」

「因此，一旦沒有產生預期的成效，馬上就會覺得心灰意冷。認為所有的努力都是白費的。倦怠的來源，往往來自精神層面。更確切的說法應該是：自己設定界限，就是提前喪志的前奏。只要不放棄，人生就一定會成功。」

對五十嵐而言，柴田的一席話，像是當頭棒喝。

小心翼翼地寫下柴田所說的話。

只要不放棄，
人生就會成功

*

武田負擔的A店，因為無法順利募得新人，已經停業超過一個半月以上。對武田而言，這是無法避免的情況。

然而，這個問題只關係著某種因素。那就是武田的自尊。

先前店裡的員工，都非常瞭解店內所有業務。特別是人事領班，是一位極優秀的員工，也深受其他同仁的尊敬與喜愛。如果能夠對人事領班低頭妥協，將業務交由他處理，情況也許能夠好轉。

只是這麼一來，就無法發揮自己的領導力，進而實踐提升A店業績的戰略。

「第一，面對這些沒用的傢伙，自己怎麼可能低頭。」

武田嘟囔著。

這是一場和自己的戰爭。

腦中忽然浮現計畫實行之前，柴田所說的話。

「儘管看似在經營店鋪，最後卻是和自己的戰鬥！」

經過無數次的考量後，武田終於下定決心。

『還是我先低頭道歉吧。為了打破現今的窘態，也只能這麼做。我一定要贏，現在低頭，讓店再次營運，是唯一也是最好的方法。只要假裝賠個不是就好，對那些人，沒必要真心道歉。』

武田決定後，隨即以電話連絡人事領班。

*

「有關這次的事情真的很抱歉。是我的錯，還是請你照往常一樣負責業務，可不可以再將員工們找回來呢？」

「啊？真讓人難以相信。」

「我跟你們說的戰略全都作廢，經營戰略室還是恢復成原來的包廂吧。」

經過長時間的沉默之後，人事領班終於開口。

「……我知道了。無法確定會有多少人願意回來，但是我會一一詢問他們」

武田終於鬆了口氣。

另一方面，人事領班早就看穿武田並非誠心道歉，只是為了讓店舖重新營業，而不得不採取的行為。

面對毫無悔意，依舊我行我素，假裝低頭的武田，為了協助還沒順利找到工作的夥伴們，人事領班也只能先接受武田的道歉。

結果，一共有6人願意回來工作。其他的員工則表示即使找不到工作，也不願意再與武田店長共事，而斷然拒絕。

人事領班苦惱不已。

『為了逼退武田店長，讓夥伴們斷了收入的來源。絕對不能讓夥伴們一直這樣下去。得想個辦法對付武田店長……。』

＊

聽完外場領班令人震驚的說明之後，間宮恍然大悟。

終於瞭解店員們冷漠以對，逃避溝通的理由。解開眾人冷淡態度的疑問之後，長時間鬱悶的心情頓時開朗起來，也有了全新的領悟。

間宮依舊如往常一樣，每日夜宿C店裡，並且比任何一位員工都早開始工作。

撿完附近的垃圾後，回到店裡，擦拭所有的桌椅，並將各包廂打掃乾淨。隨後再到附近的花店以便宜的價格購買花店賣剩的花朵裝飾在各處。

完成各項準備工作後，早班的員工來店裡，於是間宮將開店的工作交給對方。在開店前，獨自前往車站前發送傳單。

每一天，間宮持續帶頭工作著。

間宮已經不再在意員工是否有跟著活動起來，而逐漸懂得體會工作中的樂趣。

看見每位員工，間宮總會精神奕奕地大聲招呼。

「早，今天也謝謝你來上班。」

隨時牢記對員工感謝的心情。

看著間宮每天辛勤工作的模樣，外場領班滿是心痛及歉意。

「有需要幫忙的事嗎？」

自己實在是無法再默不作聲。

＊

豔陽光照射的七月中旬某日，間宮因為突如其來劇烈的腹痛而不支倒地。緊急叫來救護車送到附近的急診醫院。醫院暫時給予止痛藥劑，尚未查出劇痛的原因。

第8章

C店將會如何？

夢想，是對過去最佳的詮釋

翌日，間宮轉至大型醫院進行精密檢查，並且必須暫時住院觀察。

結果必須立即動手術。因此，短時間內勢必無法進店裡工作。

間宮不斷地央求主治醫師。

「難道沒有不開刀，可以早一點出院的方法嗎？」

「你的情況一定要馬上動手術。就算你今天出院，明天一樣會倒下來。」

「明年以後，我住院再久都沒關係……。」

「不用等到明年，你就沒命了！」

主治醫師直接表明事態的嚴重。

間宮懊悔地緊咬著嘴唇。

現在還沒抓住業績回復的脈絡，正要更加努力的時候，怎會遇到這種事呢？在這個緊要關頭住院的話，不就無法達成一年之內將業績翻紅的計畫了嗎……。

雖然如此，此刻的間宮氣力全失、虛弱地閉上雙眼。

*

間宮倒下後，正準備清理置物櫃的外場領班，注意到間宮桌上的一份計畫表。紙張上詳細記載著一年內的計畫。

標題為

「C店重建計畫表」

副標題則寫著，

「全體員工的幸福計畫」。

計畫表上記載著每週間宮為了激勵員工所想出的各種企劃方案。儘管過程中從未獲得任何人的回應，也依然持續不斷地實行。

此外，在每個員工的生日上，特別畫出紅色的標示。並且逐一寫下準備購買的禮物。每一個禮物都是依照員工不同的需要而精心挑戰。這是間宮為了讓每一個員工感到歡喜，細心地觀察個別喜好的辛苦成果。

淚水滴落在桌上。

外場領班忍不住啜泣，淚水不斷地湧出眼眶。

外場領班叫住了人事領班。

「領班，請看這份間宮店長的計畫表！我想跟著店長一起來為這家店努力！」

人事領班接下計畫表回答。

「那是我們大家下了多大的決心才作出的決定。」

「但是間宮店長不一樣！間宮店長為了我們大家，在這家店裡不斷地努力著……。」

外場領班哽咽著再也說不出話來。

人事領班不發一語地看著計畫表，像下定某種決心地用力點頭說。

「……我明白了。我來向大家說明情況。」

*

七月下旬的某一天，柴田到了武田的A店。

武田不在店內。自從員工們復職之後，武田就鮮少來店裡。

「店長幾乎都不會進店。不過，這樣反而輕鬆呢。」

人事領班如此回答著。

「那個人已經無可救藥了。他只會給周遭的人帶來不幸，雖然聰明卻完全不懂體諒。不敢相信世界上有這樣的人，真讓人傷透腦筋！可不可以請他早點辭職啊！」

柴田微笑地回答著。

「再怎麼討厭店長，店長依舊不會改變。要改變店長，不能只是批評他，而是要信賴他。」

人事領班立即反駁。

「咦？不可能的！他是完全無法信賴，又討人厭的傢伙！滿腦子只想著自己的卑劣傢伙！」

人事領班氣得面紅耳赤。等怒氣稍微平復之後，柴田靜靜地說道。

「沒有人只會考慮自己，不管別人的。會有這種感覺，是因為自己先入為主的觀念所致。以惡意的眼光看人，看見的也都是心懷惡意的人。」

「如果真的有如此自私的人，有可能改變他嗎？」

「假設真的有這種人存在，他們的所作所為，只是為了感受到獲得時的滿足感罷了。總之，內心沒有感動。每個人都會因為感動的事而改變。要改變一個人，就讓他感動。大家不妨嘗試著去感動武田，情況一定能改變。」

柴田在杯墊寫下字句，交給人事領班。

想改變一個人，
感動他就對了。

「咦？您在說什麼啊？要去感動那傢伙……。哈哈哈，會讓人笑掉大牙的！那種人！誰要理他！」

柴田依舊平靜地看著人事領班。

「能改變人的，也只有人。尤其是周遭人情緒。能夠改變武田店長的只有你們。」

「……咦？我們？」

「我有一些想法，要不要試試看？」

「……不，不用！絕對不要！看都不想看到他的臉！」

「是嗎……。如果改變心意，隨時都可以和我連絡。到時後，再告訴你我的策略。」

柴田隨後便離開。

人事領班雖然一直放心不下員工的事情，卻也還沒想過要自己主動出擊。目光移向柴田先前坐過的椅子上，看見另一張寫著文字的杯墊。

只知道滿足感的人
不會改變，
懂得感動
才能改變自己，
也能改變一切。

*

八月的第二週。湛藍天空裡的雪白雲朵，充滿盛夏氣氛。間宮仍在病房裡休養，外場領班前來探視。

「店長，上星期終於……有盈餘了！」

間宮一時間還無法意會。

「什麼盈餘啊？」

「當然是店裡的業績！」

「……為什麼？」

「員工們同心協力，努力加油的結果啊！」

「…………」

「今天原本大家都想來看您，最後還是由我代表過來。因為今天大家為了店長，還要繼續努力。這樣才能讓店長放心……。」

接著，外場領班拿出全體員工代為轉交的信。

間宮打開第一封信。

「終於了解店長您的苦心。我願意完全信任地跟著您。」

接著另一封信。

「我願意將店長您給我的一切，加倍還給每一位顧客。」

打開第三封、第四封信。

「顧客的滿意與喜悅，就是我最大的樂趣。」

「我總是在心中不斷地重覆著：謝謝您的光臨。」

每一封信共同的一句話則是：

「謝謝。」

間宮不禁放聲哭泣。外場領班則含淚微笑著。

*

五十嵐所屬的B店，業績開始產生變化，是在實行第七十八項企劃案之後。

五十嵐在顧客面前，儘量說出員工們的名字，藉此提高責任感與成就感。希望顧客滿意時，會說是某某人的服務很好，取代說這家店的服務很好。

此外，五十嵐也認為對顧客而言，瞭解員工對工作的熱忱，有助於營造消費時的安心感。

五十嵐在店的入口壁面上，貼出當班的員工照片與寫有「今天最重要的一句話」的海報，讓來客可以清楚看見。

接著，讓全體員工佩戴印有照片的名牌。並且在包廂內放置負責清掃的工作人員照片及手寫的感謝卡。

包廂裡也放著全體員工的檔案資料，包括年齡、出生地、將來的夢想、最喜歡的一句話等內容。其中還特別設置『自己能為顧客所做的事』專區，讓員工們自行寫入。

這項企劃出人意料之外的產生了效果。店內接二連三收到顧客指名的感謝卡。

這些感謝卡，徹底改變了員工們的工作意識。有別於以往是因為溫飽三餐不得不工作的想法，轉變成體會勞動的真諦，心懷感謝地工作。

於是，不需要五十嵐隨時提醒，員工們都能主動提出各種想法加以實行。漸漸地，顧客的來店數也隨之增加。

『顧客對店舖的信賴感，全仰賴對員工的信任』

柴田的話，再度浮現在五十嵐的腦海中。

隨著員工工作意識的變化，也造就了業績的提升。工作情緒愈好，工作成效就愈好。直接的影響，就是業績的提升。不久也將進入八月下旬。

五十嵐終於體會出經營的要領。高興之外，更有如習武者融會貫通時的震撼感覺。

此時的五十嵐，已不再只是個『創意豐富』的管理者。

第9章

破殼而出

目前的心理狀態，即反應在當下的人際關係上

九月底。天氣逐漸轉涼讓人感覺舒適清爽。間宮幾乎完全康復，四人久違地一同開會。

柴田說。

「間宮的C店變好許多了呢。」

「是啊。都是在我住院期間改變的，我什麼都沒做，全靠員工們的鬥志讓業績好轉，真的是非常感謝他們。」

「不是這樣子的！間宮你完成了身為店長最重要的任務。相信員工，努力不懈。是你撒下的種子，進而萌芽茁壯。」

「店長最重要的工作，就是激發員工們的鬥志，將職場的運作順暢有效率。如此一來，必然會獲得成功的回報。」

間宮滿臉欣喜，態度卻仍舊謙虛。

「但是，還是有很多要努力的地方。」

柴田感受到一個人真正的成長。

「那麼，五十嵐小姐這邊呢？」

「雖然還沒有顯著的成果，但是下個月應該就能有盈餘。現在所能做的就是相信自己，不放棄地向前邁進。」

「與自己的戰爭，只要有勝利的決心，就一定能獲勝。」

柴田也看見了五十嵐的蛻變。五十嵐身上散發出付出的喜悅與滿滿的自信。

「武田，你呢？」

「嗯。可能還要一點時間，我在思考一些事情。」

「覺得苦惱時，就好好地苦惱吧。苦惱的時間愈長，突破之後即可獲得無比堅強的信念。」

柴田在白板上大大地寫著。

苦惱的時間愈長，
突破之後所獲得的
信念就愈強烈。

這是柴田用來勉勵武田的話語。只是，對於正處於極度迷惘中的武田來說，柴田的這番話仍舊只是空談。

*

這是武田人生中首次的挫折經驗。

從來所有的計畫都是由自己主導，而獲得出色的成績。部下們也都毫無異議地聽從自己的指示。

這次在經營最容易展現業績，條件最好的店鋪前提下，竟然輸給了學歷比自己差，能力、執行力與分析力都極度欠缺的兩人。

懊悔的情緒中，更充滿無力感。

*

入夜後，武田造訪了柴田的辦公室。

「喔，怎麼了，武田。」

「嗯，剛好來附近辦點事。」

柴田笑著示意武田坐下。

「看起來沒什麼精神。」

「嗯……。」

「和以往的情況完全不同，有什麼感覺？」

「嗯……。」

看著無精打采的武田，柴田輕拍了武田的肩膀。

「你在職場一直都是成功的角色，外界的評價也很好，自行創業應該沒有困難。但是，為什麼會來聽我的經營課程？以你自身的商業方法理論，應該不會認同我的理想論點。」

武田不經意地抬起頭。

柴田面帶著微笑。

「其中應該有什麼原因吧！你為什麼會來上我的課呢？」

*

離開柴田的辦公室後，回程的電車上武田不斷思考著。一開始會接觸柴田的課程，起因於對創業與否猶豫不決的時期。無意間，被課程文宣上「讓員工神采奕奕地工作」以及「共創一個上司與部屬合力接受挑戰的美好職場」的句子所吸引。

「為什麼我會被那些話吸引呢？」

武田開始回想起當時的心情。

*

武田作為經營諮商，在業界一直深受好評。提供建議給各種企業的經營者，使其業績提升。對於自己在經營上的實力，日後獨立創業，一直是想當然爾的事。只是，初次的創業，還是帶給武田些許的不安與擔心。「到底會是什麼樣的世界？」在準備投入經營領域之前，希望能有更多的資訊與建議。

武田在從事經營諮商時，理論和分析非常重要。然而，實際經營卡拉ＯＫ店之後，才發現處處碰壁的是無法用理論套用的「人」的問題。光是理論和分析，並無法解決「人」的問題。武田回想過去對經營者所提出的建議中，似乎沒有任何能夠解決的方法。因此，感覺自己似乎有必要在這個部分加強準備。

此外，過去在職場上武田的部屬，似乎每個人的表情總是沉重冷漠。每當有新部屬分配到武田的部門時，大約一個月後就能明確區分出不願意跟隨與願意跟隨的人員。留下的部屬大都非常順從，願意完全接受武田的所有指示。但是從來不曾見過他們樂於工作的神情，所有人都非常安靜。

偶而想要邀約部屬一同小酌，所得到的答覆都是「我已經有約了」而予以拒絕。武田幾乎不曾跟任何員工有溝通。會議時，眾人也只是沉默，誰都不願意提出意見。

儘管也會有寂寞的感覺。但是總是告訴自己，職場的現實就是這樣。直到現在，武田終於走到必須正視這個問題嚴重性的地步。

「原來我一直都忽視了與部屬之間的問題。」

武田終於發現，自己所有的不安與焦慮，是來自於與部屬間的人際關係。

柴田的詢問不斷在腦中浮現。

「你為什麼會想來聽我的課？」

「也許在我的潛意識裡已經察覺自己未來所必須面對的問題。因此才會選擇柴田先生的課吧。」在不斷地思考後，確定了這個想法。

＊

深夜，武田想起柴田曾經說過的話。

「逃避眼前的問題，之後相同的問題依然會再降臨。」

「我應該怎麼辦才好？創業之後也會面臨同樣的情況嗎？」

武田正處於人生極大的轉捩點。

＊

十一月，氣候日漸寒冷。武田負責的A店業務，幾乎全交由人事領班運作。儘管人事領班已盡心努力，卻仍然可以感受到欠缺掌舵者的不安定感。店內仍是虧損連連。

＊

武田一個月內會有一兩次走到A店門口再折回去。人事領班偶而會遇見前來的武田。只是武田不曾主動和人事領班說過任何話。

如此的情況下，逐漸進入年底。

第10章

拯救夥伴

最嚴峻的高牆，即是自我情感之牆

元旦過後一月底。一年的期限，只剩兩個月。間宮的C店與五十嵐的B店業績仍維持穩定成長。

這次的會議，預計討論至今尚未上軌道的武田的A店。武田的驕傲已經傷痕累累。從武田癱坐在椅子上的模樣，早已不見當初充滿霸氣的自信。

＊

柴田首先發言。

「轉眼間一年的期限即將屆滿。今天就針對武田A店的問題，大家一同集思廣義。」

五十嵐不假思索地回答。

「柴田先生，不需要再討論了。」

柴田略顯驚訝地看著五十嵐。

「五十嵐小姐，你在說什麼啊！大家都是和武田一同接受挑戰的夥伴呢！」

「正因為是最佳夥伴，所以不需要再討論。武田先生……」

散亂著頭髮的武田，似乎連說話的力氣都沒有，只是將視線移向五十嵐。五十嵐微笑著說明。

「我會叫店裡的員工到武田先生的店裡幫忙。」

間宮也接著五十嵐說。

「我想我店裡的同仁一定也想有所幫忙，跟大家商量之後，決定將店裡整修費用所剩的一百萬日元，提供給武田先生使用。」

武田對兩人的提案驚訝地說不出一句話。

聽見五十嵐與間宮，願意為自己做出如此的協助，武田除了驚訝之外，內心更充滿感動。對於他們來說，並沒有任何好處。儘管如此，它們仍然願意用最誠摯的心為夥伴付出。

「嗯……請問，為什麼你們要為了我的店這樣做呢？」

五十嵐和間宮相互對看後，不約而同地說。

「因為是好夥伴啊！」

武田的眼眶頓時充滿淚水。柴田則微笑地看著三人。

五十嵐與間宮與自己店內的員工商討之後，各自派出人力至武田的店裡幫忙。五十嵐也將店內經營成功的方法，毫不保留地提供給武田作參考。並將創意筆記交給武田店內的員工們。

間宮除了撿拾從武田店裡到最近的車站沿途上的垃圾之外，還將武田店內徹底清掃整理。並且隨時不忘鼓勵員工「感謝對店裡的認真與努力」。

＊

武田在家中以電話獲知兩人的情況，實際上對二人的行為仍然感到不解。對武田而言，至今與他人的關係不是贏，就是輸。為了獲得勝利才學習，為了獲勝才努力累積經驗。戰勝對方，是人生唯一的樂趣。對於現在這種不可理解的感覺，決定和柴田談一談。

「武田，你是不是覺得很不可思議？」

柴田輕輕拍了武田的肩膀。

「這就是得到真正值得信任夥伴時所產生的一體感。在與人的交往中，自然產生的想法和真心的情緒！」

武田仔細體會著這種前所未有的不可思議感受。

＊

和柴田見面之後，武田腦中的思緒仍然混亂不已。

不過，對於柴田所說的話中，有一項感到非常在意。

「武田你當初所擬定的戰略確實非常完美。但是，那只是讓你獲勝的戰略，而不是員工們獲勝的戰略。真正的贏家，必須來自全體的勝利。」

武田將柴田所言記錄下來。

回到家後，打開電子信箱，隨即看見五十嵐與間宮的來信。信中除了建議之外，更表達出兩人願意全力協助武田的誠意。

「儘管辛苦，請讓我陪你一起克服難關。」

「我會將武田你的情緒，完整地傳達給所有員工。」

滿滿寫著鼓勵的留言。

此外，也詳細說明A店的員工們努力的情形。但是，因為店長不在，仍然是虧損不

真正的戰略，
需要來自全體的勝利

斷，大夥兒都苦惱不已。
武田重覆閱讀著留言。
在閱讀的過程中，武田的心中產生了巨大的變化。
武田變得焦慮，坐立難安，於是連絡了人事領班。
「大家都還好嗎？我有話對大家說，無論如何，請幫我集合一下好嗎？」
人事領班佯裝忙碌敷衍地回答。
「請問有何貴事？我們可沒有時間陪您。」
「我知道。可不可以請你無論如何幫這個忙。」
「到底，有什麼事啊？」
武田強忍著情緒說。
「……我一定得和大家見面……」

*

當天夜晚，柴田來到A店。人事領班急忙叫住柴田。

「今天武田店長和我聯絡。他說有話跟大家說，要集合全部的員工……。」

「然後呢？」

「很多辭職的員工，至今都還沒找到工作。我想如果可以藉這次機會，讓他們再次回來店裡也不錯……。」

「你真的很關心同事們的情況。」

「放著不管，有些傢伙就振作不起來了……。此外，也得想想如何增加客源的方法。」

「難道真的沒有讓武田和員工和平相處的方法嗎？你是要我告訴你前陣子我提的戰略嗎？」

「嗯，就是這件事。」

柴田微笑著。

「你始終擔心著全員的情況，這點實在讓人感動。然而，要執行這項作戰，有一件不得不克服的障礙！那就是你們的感情。」

「………」

「我的戰略，就是藉由你們感動武田。只是，對你們來說也是會非常難受。因為必須面臨情感正反兩極的考驗，必須接納先前深惡痛絕的人。正因為如此，才能造就讓對方感動的效果。也許真的不容易，想不想試試看呢？」

「……如果是為了大家的利益，姑且一試也未嘗不可。」

柴田的表情略顯沉重。

「請等一下，以你現在這樣的心情是無法改變任何人的。想改變一個人，必須先從自己誠心投入的決心開始。」

「是……」

「人類存在的意義，在於創造感動與獲得感動。而感動，必須發自內心的誠意。」

「……我明白了。」

柴田詳細說明作戰的執行步驟，最後嚴肅謹慎地再次提醒。

「一定要記得，不要為了改變對方而去改變對方，要相信對方，單純地想為對方付出。只有這樣的真心，才能直接傳達到對方的內心。不需期待對方，最重要的是戰勝自己！」

*

結束與柴田的談話後，人事領班不由自主地深吸一口氣。隨即撥電話給外場領班。

「我有點事想和你商量……。」

第11章

哭泣的惡魔

有了信賴的夥伴，
就沒有無法超越的困難。

時序進入二月。下著細雪的一天，人事領班主動連絡武田，希望二星期後能來店裡。

對武田而言，已經好長一段時間不曾走進A店一步了。

店的外觀依舊死氣沈沈，就如同現在武田的模樣。

武田到了店門口，提不起任何想進入店裡的慾望，只是呆然地站著。此時，人事領班走向前來招呼。

「武田店長！好久不見！」

「喔，還好嗎？」

武田無精打采地回答。

「請過來經營戰略室，大家都在等您呢。」

「是嗎。」

人事領班不停揮手示意武田進入後方的經營戰略室。

等候的是當初武田初次來店裡時所有的工作人員。

突然在螢幕上出現一大面影像。是眾人努力地工作時的留影。每個人臉上都帶著燦爛的笑容。

隨即店裡的燈光全亮，無數個拉炮同時發出巨大聲響。突如其來的巨大聲音，讓武田不由自主地摀住雙耳。

「武田店長！生日快樂！」

武田早已經忘了自己的生日。

中間的桌上，放著大蛋糕，上頭亮著武田年齡的蠟燭。

「你……你們這是？……特別做的？……為了我……？」

「嗯。這是大家一起討論，覺得你會最開心的驚喜。」

「聽說店長您是甜點一族呢。直接給您最愛的甜食，應該不會出錯……。」
人事領班不好意思地抓著頭。
「各位，預備、起！」
♪HAPPY BIRTHDAY TO YOU……♪
全部的員工排成一列，猶如訓練有素的合唱團般和諧地高歌。
♪HAPPY BIRTHDAY TO YOU……♪
唱完歌後，眾人催促著武田吹熄燭火。
燭火熄滅後，每位員工依序走到武田前面，讀著自己所寫的信。
「我總是惹店長生氣。心裡也老是抱怨您是個沒有耐心的主管。卻從來沒有發現，店長您的忿怒，是為了讓我成長，因為自己的不夠成熟才無法體會您的用心。因此……。」
「一直認為您是個神經質的人。後來才發現，您再三的說明，都是為了讓我更瞭解做事的方法，也終於明白自己還有太多需要學習的地方……。」

「心中早就主觀認定您是個只會考慮自己的人。然而原來真正自私的是我自己。店長所作的努力，都是為了要讓我們早日嚐到成功的滋味……。」

所有人員讀完信之後，將感謝的信一起交給武田。

「店長，對不起。真的很感謝您！」

全體工作人員深深地鞠躬。

*

睜大眼睛，張著口卻說不出任何一句話的武田，看著久久不肯抬頭的員工們，費盡力氣終於擠出如扭曲般的聲調說。

「該道歉的是我……對不起。……我不在店裡多虧大家的努力……真的非常感謝……。」

武田第一次在人前哭泣。在眾人的掌聲中，武田絲毫不覺羞恥地放聲大哭起來。

*

自此之後，武田與A店的全體員工同心協力，成功地在短時間內完成業績改善的目標。

成功執行的企劃，幾乎都是武田最初提出的想法。儘管相同的企劃，在全店都團結一致的努力下，所展現的成果也大不相同。

武田將各領域的業務交由員工負責，不再逐一指揮命令。遣詞用字多花心思，選擇尊重對方的方式溝通。

來自顧客的讚美日益增加。

「店裡的料理也是一流，只有這裡能讓賓主盡歡。」

「最能讓中高年齡層顧客盡情享受的快樂卡拉ＯＫ店。」

*

只要來過店裡一次的顧客，幾乎都會在短期內再度光臨消費。在期限的三月底前，已成為附近區域最具知名度與話題性的店鋪。

柴田問道。

「業績好像又要刷新紀錄了。」

武田開心地回答。

「都是大家努力的結果。是屬於大家的勝利！」

戰勝自己。

在這瞬間，武田終於贏得這場與自己的戰鬥。

閉幕

任何工作所獲得的最高報酬，
就是感動。

一年過後的四月。最後一次的會議。

三人都不發一語地坐著。柴田微笑地說。

「五十嵐小姐，這一年覺得如何？」

五十嵐回答。

「起初對於經營卡拉ＯＫ店完全不感興趣。只是認為可以增加未來創業時的經驗……。不過，現在我願意繼續從事這份工作。我從來不知道這項工作是這麼的有趣。」

「任何工作，只要用心經營，都能變得有趣。覺得工作煩悶無趣時，大多只是因為自己不夠努力時的藉口。」

間宮心有所感地說著。

「我終於明白，工作最重要的就是信賴關係。所有的焦慮與不安，都起因於自己的不夠成熟。」

「發現與面對自己的不成熟，才能體會彼此存在的真正價值，也才能產生真正的信賴關係，進而能夠成長茁壯。」

最後，武田說道。

「我始終想著要做大事業。在這一年的經歷中，我深刻體會出每種工作的重要性與必要性，以及與眾人合作所能獲得的力量。和夥伴間的共同感是多麼令人感動的事。」

「所謂工作的最高報酬，就是內心的感動。至今，我告訴過你們許多經營的概念與方向。然而，作為一個管理者，只求一項必要的習慣。那就是，想改變對方，就讓對方感動，進而共同感動的能力。這點希望各位能銘記在心。」

三人看著柴田。柴田露出自信的微笑。隨後，對武田說。

「這已經和一年前的武田完全不同了。」

「過去，在我的腦海中，所謂工作與事業，只是一項非成功不可的事。從來沒考慮過如何順利進行，或是能夠得到幸福這些事。直到現在……真的感覺能夠認識這些夥伴們是無比的幸福。」

武田的眼眶裡泛著閃亮的淚光。

「環境的好壞以及工作進行順不順利，和人感覺幸福與否並沒有直接的關連性。最重要的是取決於人際關係。」

「一點也沒錯。在參加這項計劃之前……我從來不曾因為工作而感動過。少了感動，再怎麼成功的事業，仍舊無法和成功的人生有任何連結……。」

武田強忍著激動的情緒，咬著牙說著。

「……這一年，讓我學習到太多東西。現在……我對大家除了感謝還是感謝。」

「武田已經獲得真正的成長了。一年前的武田可以說是弱不禁風。愈弱的人，會表現出愈強勢的態度。真正堅強的人，因為不需要刻意假裝，因此能用謙虛的態度面對一切。並且能夠散發出令人敬重的存在感。現在的武田，就具有這種存在感。」

「沒這回事……。」

「哈哈哈，果然變得謙虛了！不錯！」

柴田滿是笑意的說。

「真正的領導者終於誕生了！」

*

卡拉OK總部的社長，聽完所有的敘述後，感觸甚多。

「三人成功的理由，完全不同，這是我最感興趣的地方。」

柴田則提出相反的看法。

「不，三人成功的理由都是一樣的。」

「咦？」

「的確，三人的方法各不相同。然而，成功的基礎，都同樣是建立在與夥伴和員工間的真心相待不是嗎？」

社長對柴田的看法有了一點興趣。

「成就事業成功的關鍵似乎就在這裡。」

「是的。經由這次的企劃，更確定了我的信念。」

「這就是你一開始所提的ｋｎｏｗ ｈｏｗ是嗎。」

「沒錯。相信自己，相信夥伴。」

「原來如此。今天你想告訴我的，就是這個概念吧。」

社長露出理解的笑容。

柴田也微笑著。

「社長，那三家店舖長期以來業績不振的真正原因，您已經瞭解了吧。」

「……那是因為我本身所造成的。」

「是的。」

柴田繼續說著。

「對於業績不好的店長，您都是如何跟他們說話？是不是老是叫他們趕緊回復業績，否則就要懲處。」

「還是完全信任他們？」

「人類恐懼懲罰，會有被動的假裝行為。而信賴，卻能驅使自發的行動力。」

「所謂信賴，到底是什麼？」

柴田看著社長緩緩地說。

「所謂信賴，是全盤接受對方的一切，而讓自己成長的過程。不接受對方，就無法設身處地的思考對方的行為。甚至會以對方的行為模式來行動。真正的信賴，是藉由改變自己，進而去改變對方。」

「原來如此。」

「此外，社長會讓業績不佳的店長們相互競爭吧？」

「嗯，沒錯。」

「正因為如此，店長們之間無法建立任何互助的關係。他人不該是競爭的對象，而應該是信賴與支援的對象。將彼此擁有的經營成果視為共同的資源，互相分享成功的喜悅是最重要的一件事。同樣公司裡的工作夥伴們，為什麼必須相互競爭與廝殺呢？競爭，不應該存在於同事之間，而是在面對昨日的自我時的態度。」

「你所說的想法還真是特別呢……。」

*

柴田進一步說明。

「商業活動有二種致勝方法。一種是會招致將來巨大失敗的致勝方法。另一種則是在未來能獲得更大成功的致勝方法。如果只在乎眼前的輸贏，未來勢必將面臨更多的失敗。

然而，倘若是為了將來成功所作的準備，因而達成成功的方法，則未來的成功絕對是值得期待的輝煌成果。總之，唯有透過互助與合作，才是通往真正偉大致勝目標的成功作法。」

「你要表達的意涵就是，只要我改變，所有的一切都會改變是吧。」

「是的。自己有所體認，對方也一定能感覺到。一切操之在己。這就是我想傳達的真正ｋｎｏｗｈｏｗ理念。」

「我完全懂了！……不過，你還真是個拐彎抹角的人呢。一開始就直接跟我說明不就簡單地多了嗎？」

「您會真的瞭解嗎！」

「哈哈哈！」

二人打從心底開心地大笑起來。

後記

這個故事，是以真實的事件作為基礎，用更簡單易懂的方式加以敘述連結而成。實際上，間宮這個角色只花了兩個月就將業績轉虧為盈。相較於戰略或創意，似乎都不及『人』的重要性，當時也令我感到相當震驚。

經營的過程中，究竟什麼才是最重要的？

我想應該是將一起工作的職員及團隊所擁有的潛力作最大限度的發揮，互助互信，排除萬難，一同往相同的目標邁進。

談論經營的法則時，經常會誤將效率視為最重要的問題，即使是再有效率的工作組合，卻往往因為執行的人的『主觀意識』而產生令人意想不到的結果。

在多數的公司裡，職員的人事費用，往往佔預算的絕大部分。因此只要員工在職場上無法展現積極的鬥志，直接產生影響的必然是公司整體的經營效率。

然而，職場的人際關係並非一蹴可幾，總讓人苦惱於對方難以改變，或是看不到具體成果等……。

儘管知道它的重要性，卻仍然盲目地追求那些似乎只能在短時間內奏效的方法。不知不覺中，人已經成為最大問題。企業愈成長，就會有愈多的人員加入，也更加凸顯人際關係的重要。

最後，這些問題終究會轉變成經營體最在乎的數字。所有企業的崩壞幾乎都不是來自外在環境的變化，而是因為無法面對環境變化的內部問題所造成。

究竟要如何正確地培育人才呢？

培育人才的know how一般稱為「輔導諮商」。

所謂輔導，並不在於讓人如何行動，而在於提升人的鬥志，培育出當面臨各種困境時能夠利用自己的力量克服難關的人才。

在此提出三大要項。

以自身為榜樣。

不論對方如何，首先考量自己是否足以成為對方學習的榜樣。在培育人員的過程裡，經常會不自覺地變成命令對方的一舉一動。

然而，在此之前，對方是否願意聽從你的意見則是最大勝負的關鍵。如果無法獲得對方尊重，你所提出的任何指示都將白費。因為對方只將你的話當作耳邊風。

・夢想是什麼。

・表情是開朗還是灰暗。

・思考方向是向前還是往後。

・使用何種言辭，敘述什麼內容。

・如何接受問題，如何面對問題。

・對於人生的態度。

・是否存在努力的目標。

對方所見的事物改變，自己必然也會隨之改變。

第二，相信對方。

所謂信賴，是無關對方所為，自我決定全盤接受對方的覺悟。換種方式來說，也可以說是一種自己決定與對方交往一生的覺悟。

一般人往往不在意言談的內容是否正確，而只選擇聽從願意接受自己的人的言論。因此，相較於言論內容，與對方間的信賴關係才應該是首要考量的因素。

一旦失去信賴關係，再多的根據與偉大的道理，都絲毫無法讓對方感受。

而信賴關係的建立，則首重相信對方。不需評價對方，只要接受對方即可。

話雖如此，實行時卻必須有極大的勇氣。因為對方不會像自己所預測的方式行動。要接受對方的行為，絕對比想像中困難許多。

因此，當想要改善與他人的關係時，最重要的就是不要對他人有所期待，只期待自己，期待自己的改變。

儘管無法立即做到百分之百的接納，但是要有信心做到每天都能增加百分之一的包容。這百分之一的勇氣，就足以改變與對方的關係。

從這少許漸增的勇氣裡，信賴關係就能逐漸建立。

第三，支援對方。

所謂支援，並不單只是讓對方負擔減輕，而是要讓對方產生鬥志。

身陷困境中的人，最需要的並不是外在負擔的減輕，而是勇氣與信心的激發與能夠面對困難的挑戰，這才是真正的支援。

對於遭遇無法跨越障礙的人而言，因為同情而將障礙排除，可能造成對方永遠無法學會如何用自己的力量破除困難。因此，如何使對方自行產生力量來因應每一項挑戰，才是真正的支援。

行動的主體者，終究是對方本身。讓對方依自己的意志行動而產生的改變，才是我們最終的目標。

而對方扮演的角色會因時空不同而不斷改變。不需要特別深奧的理論，只要根據當下的情況以及對方當時的情緒來決定所能提供的意見，以下便是一些常用的方法。

- 傾聽對方的談話。
- 彼此討論，共同思考。
- 表達自己的意見。
- 教導知識或資訊。
- 敘述自己的經驗。
- 分享共同的夢想。
- 運用鼓勵對方的話語。
- 放心的委任對方。
- 一同行動。
- 隨時帶著笑臉。
- 發自內心的讚美。
- 共享喜悅。
- 感謝對方。
- 為對方盡心力。

所有努力的最大目標，就是讓對方感動。感動能將人的意識在瞬間產生巨大變化。感動無法只藉由熟練的技巧來完成。人與人之間產生的感動，來自當事人意識的堅定與否。

為了讓對方感動，就必需要有誠摯的真心與實際的行動，並且必須要超越對方所能想像的範圍。

對方的改變與否，即是自己的意識與行動的結果。如果對方無法改變，首先要檢討的就是自己的行為，除了改變自己之外，沒有任何方法能夠改變他人。

經由真心信賴與關懷，才能正確地傳達給對方自己所要表達的思慮與期望，也才能與對方產生共鳴。

唯有在人際關係中，我們能學到最多最重要的道理。

而他人永遠是提供自我成長的最佳機會與最好的對象。

福島正伸

◆辦公室應用叢書◆

商務報告書就該這樣寫

本書作者以淺顯易懂的方式，詳細的條列報告書的要件與構成，並且依照不同的情況撰寫適合的報告書。不論是商業往來書信、業務報告書、營業報表……等等，清楚的說明各種文書撰寫的要點，讓剛進入企業的新鮮人可以馬上進入狀況。

15×21cm　176頁　單色　定價250元

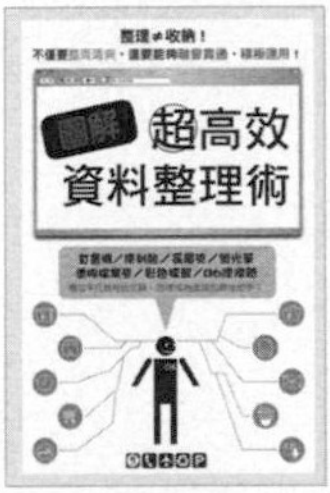

圖解超高效資料整理術

整理，乃是為了「孕育出新事物的破壞活動」。它和單純移動、放置場所的整頓（＝收拾）本質上是完全不同的。本書是從這一觀點出發，希望各位學會整理的基本動作，重新審視「所謂的整理是什麼」，相信必定可以讓您的工作或人生更具意義。

13×19cm　160頁　單色　定價180元

圖解超高效客訴處理術

沒有客服不了的問題！

強化客訴應對的能力，是企業在危機管理時不可或缺的優先課題。

遵循本書『魔力3步驟』，搭配簡明輕鬆的圖解，讓您迅速掌握有效的客訴處理流程，成為彈指轉化危機、散發專業魅力的客服人員！

13×19cm　176頁　雙色　定價200元

購書優惠服務，請洽TEL：02-29453191　或　e-order@rising-books.com.tw

TITLE

超帶人術，指揮部屬不如贏得夥伴！

STAFF

出版	瑞昇文化事業股份有限公司
作者	福島正伸
譯者	趙琪芸
總編輯	郭湘齡
責任編輯	闕韻哲
文字編輯	王瓊苹
美術編輯	朱哲宏
排版	靜思個人工作室
製版	明宏彩色照相製版股份有限公司
印刷	紘億彩色印刷有限公司
戶名	瑞昇文化事業股份有限公司
劃撥帳號	19598343
地址	台北縣中和市景平路464巷2弄1-4號
電話	(02)2945-3191
傳真	(02)2945-3190
網址	www.rising-books.com.tw
Mail	resing@ms34.hinet.net
初版日期	2010年2月
定價	200元

國家圖書館出版品預行編目資料

超帶人術，指揮部屬不如贏得夥伴 ／
福島正伸作；趙琪芸譯.
-- 初版. -- 台北縣中和市：瑞昇文化，2010.02
176面；12.8×18.8公分

ISBN 978-957-526-930-2 (平裝)

1.領導者　2.企業領導　3.人際關係

494.23　　99001500